中國書店藏珍貴古籍叢刊

明·閔齊伋 匯刻

三經評注

孟子·檀弓·考工記

中國書店

據中國書店藏明萬曆四十四年烏程閔氏套印三經評注本影印原書版框高二十點九厘米寬十五點五厘米

出版說明

中國書店自一九五二年成立起，一直致力于古舊文獻的收購、整理、保護和流通工作，于年復一年的經營中，發掘、搶救了大量珍貴古籍文獻。在滿足圖書館、博物館、研究所等相關單位及讀者購書需求的同時，中國書店還保存了一定數量的古籍文獻，其中不少具有極高的學術價值和文物價值，但傳本稀少，甚至別無復本。有鑒于此，中國書店對這些古籍善本進行了科學、系統的整理，以編輯《中國書店藏珍貴古籍叢刊》的形式影印出版，使孤本、善本化身千百，發揮更大的作用。本輯所選爲：

《三經評注》五卷，明閔齊伋匯刻。

閔齊伋（一五八〇—一六六二），字及五，號遇五，晚年自號三山伋客，浙江吴興人。諸生出身。一生致力于學，博通經史小學，耽于著述，撰有《六書通》傳世。

吴興閔齊伋自萬曆四十四年（一六一六）首次以朱墨套印技術刊印《春秋左傳》成功後，不斷發展套色印刷技術，先後刻印了二十餘種套印書籍，内容涵蓋經、史、子、集，不僅帶動了閔氏家族，而且影響了同里凌氏。數十年間，閔、凌兩家幾代人刊刻了百餘種朱墨、三色、四色乃至五色的套印書籍，并以刻印精美、底本精善、校讎嚴謹等特點，爲世人所贊譽，稱爲『閔刻』『凌刻』。自此，吴興閔、凌二氏套印本風行宇内，名揚四方，不僅成爲後人眼中珍貴的藝術品，而且在我國印刷史上寫下了濃墨重彩的一筆，意義非常。

作爲閔齊伋套印古籍代表的《三經評注》，共五卷，分三種。具體爲：

《考工記》二卷，明郭正域批點，明萬曆四十四年朱墨套印本。半頁八行，行十八字，左右雙邊，白口，無魚尾。

《檀弓》一卷，宋謝叠山批點，卷末附閔齊伋識語，明萬曆四十四年朱墨套印本。半頁八行，行十八字，左右雙邊，白口，無魚尾。

《孟子》二卷，宋蘇洵批點，前有朱得之序，卷末附閔齊伋跋，明萬曆四十五年三色套印本。半頁八行十八字，左右雙邊，白口，無魚尾。

中國書店在《中國書店藏珍貴古籍叢刊》的編輯過程中，特從閔刻、凌刻套印本中擇取其精善書籍收入并影印出版，以滿足專家、學者及廣大傳統文化愛好者的需求，推動古籍文獻整理與相關學術研究。

中國書店出版社

癸巳年夏月

蘇老泉批點孟子引

天之繫星漢山之尚草木烟雲水之承風至文也夫人而欲知之也必由親夫達觀先覺者以發之孟子傳道述德之言其文至矣顧其運規矩於無形妙方圓於莫尚後死者不有瀟灑闢闔之領悟而有董賈韓歐之摹寫豈能驟而窺耶老泉絕世俗退居山野肆力於文章者數年而後得其所謂規矩方圓之點而評

點以表識之豈非達觀先覺
之所在而學文者所當親乎
此子瞻必賴是而悟文機也或
乃病其援吾孟子入於文辭
之流虞其明道之意也噫程
子不曰得於辭不達其意者

有矣未有不得於辭而能
通其意者也誠有得於文之
操縱抑揚卷舒和條緩急
續絕予奪隱顯起伏闔合
往來感應頓挫奔逸之情則
亦可以見夫道之行於天地

之間之象也矧必順理而成章
經天而緯地而後可謂之文
哉若夫由辭以得意則固
存乎人而已余時方謀梓傳
遂書此以釋或者之疑嘉請
改元九日後學請江朱得之
識

此篇皆引君以當道得進諫之體龤兩段作波瀾就繳上文

孟子

梁惠王

孟子見梁惠王王曰叟不遠千里而來亦將有以利吾國乎孟子對曰王何必曰利亦有仁義而已矣王曰何以利吾國大夫曰何以利吾家士庶人曰何以利吾身上下交征利而國危矣萬乘之國弒其君者必千乘之家千乘之國弒其君者必百乘之家萬取千焉千取百焉不爲不多矣苟爲後義而先利不奪不饜未有仁而遺其親者也未有義而後其君者也王亦曰仁義而已矣何必曰利

孟子見梁惠王王立於沼上顧鴻鴈麋鹿曰賢者亦樂此乎孟子對曰賢者而後樂此不賢者雖有此不樂也詩云經始靈臺經之營之庶民攻之不日成之經始勿亟庶民子來王在靈囿麀鹿攸伏麀鹿濯濯白鳥鶴鶴王在靈沼於牣

說詩之法更參考公孫丑告子說篇

魚躍文王以民力爲臺爲沼而民歡樂之謂其臺曰靈臺謂其沼曰靈沼樂其有麋鹿魚鼈古之人與民偕樂故能樂也湯誓曰時日害喪予及女偕亡民欲與之偕亡雖有臺池鳥獸豈能獨樂哉

梁惠王曰寡人之於國也盡心焉耳矣河內凶則移其民於河東移其粟於河內河東凶亦然察鄰國之政無如寡人之用心者鄰國之民不

翻一間作節奏關住了卻放下去不覺文勢奔逸

加少寡人之民不加多何也孟子對曰王好戰請以戰喻塡然鼓之兵刃既接棄甲曳兵而走或百步而後止或五十步而後止以五十步笑百步則何如曰不可直不百步耳是亦走也曰王如知此則無望民之多於鄰國也（先用一句截住起一節）不違農時穀不可勝食也數罟不入洿池魚鼈不可勝食也斧斤以時入山林材木不可勝用也穀與魚鼈不可勝食材木不可勝用（又總二句）是使民養生喪死

無憾也養生喪死無憾王道之始也五畝之宅（疊七了結一段）（又翻一段放開進一步）
樹之以桑五十者可以衣帛矣雞豚狗彘之畜
無失其時七十者可以食肉矣百畝之田勿奪
其時數口之家可以無饑矣謹庠序之敎申之
以孝悌之義頒白者不負戴於道路矣七十者
衣帛食肉黎民不饑不寒然而不王者未之有（總上四段）
也狗彘食人食而不知檢塗有餓莩而不知發
人死則曰非我也歲也是何異於刺人而殺之

曰非我也兵也王無罪歲斯天下之民至焉

梁惠王曰寡人願安承敎孟子對曰殺人以梃
與刃有以異乎曰無以異也以刃與政有以異
乎曰無以異也曰庖有肥肉廄有肥馬民有饑
色野有餓莩此率獸而食人也獸相食且人惡
之爲民父母行政不免於率獸而食人惡在其
爲民父母也仲尼曰始作俑者其無後乎爲其
象人而用之也如之何其使斯民饑而死也

就結一轉又飜作一段波瀾

承上二段方作一句答上問結

承上二段又作此一段鼓舞開闔看結上文者卻放下一句繳起

引證二句只用一句洋卻只一句繳上文

梁惠王曰晉國天下莫強焉叟之所知也及寡人之身東敗於齊長子死焉西喪地於秦七百里南辱於楚寡人恥之願比死者一洒之如之何則可孟子對曰地方百里而可以王（一句起分兩段）王如施（正）仁政於民省刑罰薄稅斂深耕易耨壯者以暇日脩其孝悌忠信入以事其父兄出以事其長上可使制梃以撻秦楚之堅甲利兵矣彼（及）奪其民時使不得耕耨以養其父母父母凍餓兄弟

妻子離散彼陷溺其民王往而征之夫誰與王敵故曰仁者無敵王請勿疑（承上二段引證結）

孟子見梁襄王出語人曰望之不似人君就之而不見所畏焉卒然問曰天下惡乎定吾對曰定于一（二句開）孰能一之對曰不嗜殺人者能一之孰能與之對曰天下莫不與也（一句合上）王知夫苗乎（頓挫）七八（撇前語用一轉）月之間旱則苗槁矣天油然作雲沛然下雨則苗浡然興之矣其如是孰能禦之今夫天下之

人牧未有不嗜殺人者也如有不嗜殺人者則天下之民皆引領而望之矣誠如是也民歸之由水之就下沛然誰能禦之

齊宣王問曰齊桓晉文之事可得聞乎孟子對曰仲尼之徒無道桓文之事者是以後世無傳焉臣未之聞也無以則王乎曰德何如則可以王矣曰保民而王莫之能禦也曰若寡人者可以保民乎哉曰可曰何由知吾可也曰臣聞之

胡齕曰王坐於堂上有牽牛而過堂下者王見之曰牛何之對曰將以釁鐘王曰舍之吾不忍其觳觫若無罪而就死地對曰然則廢釁鐘與曰何可廢也以羊易之不識有諸曰有之曰是心足以王矣百姓皆以王爲愛也臣固知王之不忍也王曰然誠有百姓者齊國雖褊小吾何愛一牛卽不忍其觳觫若無罪而就死地故以羊易之也曰王無異於百姓之以王爲愛也以

小易大彼惡知之王若隱其無罪而就死地則
牛羊何擇焉王笑曰是誠何心哉我非愛其財
而易之以羊也宜乎百姓之謂我愛也曰無傷（此段又開）
也是乃仁術也見牛未見羊也君子之於禽獸（文勢至此已抑而不振故必揚之）
也見其生不忍見其死聞其聲不忍食其肉是
以君子遠庖廚也王說曰詩云他人有心予忖
度之夫子之謂也夫我乃行之反而求之不得
吾心夫子言之於我心有戚戚焉此心之所以（方開前足以王之語）

合於王者何也曰有復於王者曰吾力足以舉（至此文勢方縱而遽著之）（欲引入保民故引喻起）
百鈞而不足以舉一羽明足以察秋毫之末而
不見輿薪則王許之乎曰否今恩足以及禽獸
而功不至於百姓者獨何與然則一羽之不舉
爲不用力焉輿薪之不見爲不用明焉百姓之
不見保爲不用恩焉故王之不王不爲也非不（又用二句生下文）
能也曰不爲者與不能者之形何以異曰挾太（粘上）
山以超北海語人曰我不能是誠不能也爲長

至此上下之間呼吸變化奔騰控御若捕龍蛇真文之至也

可知已欲辟土地朝秦楚莅中國而撫四夷也以若所爲求若所欲猶緣木而求魚也王曰若是其甚與曰殆有甚焉緣木求魚雖不得魚無後災以若所爲求若所欲盡心力而爲之後必有災曰可得聞與曰鄒人與楚人戰則王以爲孰勝曰楚人勝曰然則小固不可以敵大寡固（轉就生波瀾）不可以敵衆弱固不可以敵彊海內之地方千里者九齊集有其一以一服八何以異於鄒敵

楚哉蓋亦反其本矣（過脉結上生下）今王發政施仁使天下仕（此一轉方到保民處作大波瀾）者皆欲立於王之朝耕者皆欲耕於王之野商賈皆欲藏於王之市行旅皆欲出於王之塗天下之欲疾其君者皆欲赴愬於王其如是孰能禦之（應○章○首樂字）王曰吾惛不能進於是矣願夫子輔吾志（又轉方從頭說去）明以教我我雖不敏請嘗試之曰無恒產而有恒心者惟士爲能若民則無恒產因無恒心苟無恒心（就反處翻下）放辟邪侈無不爲已及陷於罪然後從

而刑之是罔民也焉有仁人在位罔民而可爲
也是故明君制民之產必使仰足以事父母俯
足以畜妻子樂歲終身飽凶年免於死亡然後
驅而之善故民之從之也輕今也制民之產仰
不足以事父母俯不足以畜妻子樂歲終身苦
凶年不免於死亡此惟救死而恐不贍奚暇治
禮義哉王欲行之則盍反其本矣五畝之宅樹
之以桑五十者可以衣帛矣雞豚狗彘之畜無

失其時七十者可以食肉矣百畝之田勿奪其
時八口之家可以無饑矣謹庠序之教申之以
孝悌之義頒白者不負戴於道路矣老者衣帛
食肉黎民不饑不寒然而不王者未之有也
莊暴見孟子曰暴見於王王語暴以好樂暴未
有以對也曰好樂何如孟子曰王之好樂甚則
齊國其庶幾乎他日見於王曰王嘗語莊子以
好樂有諸王變乎色曰寡人非能好先王之樂

此篇悲壯頓挫深渾得老泉之體與前篇相似

則王矣

齊宣王問曰文王之囿方七十里有諸孟子對曰於傳有之曰若是其大乎曰民猶以爲小也曰寡人之囿方四十里民猶以爲大何也曰文王之囿方七十里芻蕘者往焉雉兎者往焉與民同之民以爲小不亦宜乎臣始至於境問國之大禁然後敢入臣聞郊關之內有囿方四十里殺其麋鹿者如殺人之罪則是方四十里爲阱於國中民以爲大不亦宜乎

抑揚開合

分作二段

齊宣王問曰交鄰國有道乎孟子對曰有惟仁者爲能以大事小是故湯事葛文王事昆夷惟智者爲能以小事大故大王事獯鬻句踐事吳以大事小者樂天者也以小事大者畏天者也樂天者保天下畏天者保其國詩云畏天之威于時保之王曰大哉言矣寡人有疾寡人好勇對曰王請無好小勇夫撫劍疾視曰彼惡敢當

以小大字轉

又以樂畏字轉

我哉此匹夫之勇敵一人者也王請大之詩云王赫斯怒爰整其旅以遏徂莒以篤周祜以對于天下此文王之勇也文王一怒而安天下之民書曰天降下民作之君作之師惟曰其助上帝寵之四方有罪無罪惟我在天下曷敢有越厥志一人衡行於天下武王恥之此武王之勇也而武王亦一怒而安天下之民今王亦一怒而安天下之民民惟恐王之不好勇也

齊宣王見孟子於雪宮王曰賢者亦有此樂乎孟子對曰有人不得則非其上矣不得而非其上者非也爲民上而不與民同樂者亦非也樂民之樂者民亦樂其樂憂民之憂者民亦憂其憂樂以天下憂以天下然而不王者未之有也

昔者齊景公問於晏子曰吾欲觀於轉附朝儛遵海而南放于琅邪吾何脩而可以比於先王觀也晏子對曰善哉問也天子適諸侯曰巡狩

巡狩者巡所守也諸侯朝於天子曰述職述職者述所職也無非事者春省耕而補不足秋省斂而助不給夏諺曰吾王不遊吾何以休吾王不豫吾何以助一遊一豫爲諸侯度今也不然師行而糧食饑者弗食勞者弗息睊睊胥讒民乃作慝方命虐民飲食若流流連荒亡爲諸侯憂從流下而忘反謂之流從流上而忘反謂之連從獸無厭謂之荒樂酒無厭謂之亡先王無

流連之樂荒亡之行惟君所行也景公說大戒於國出舍於郊於是始興發補不足召太師曰爲我作君臣相說之樂蓋徵招角招是也其詩曰畜君何尤畜君者好君也

齊宣王問曰人皆謂我毀明堂毀諸已乎孟子對曰夫明堂者王者之堂也王欲行王政則勿毀之矣王曰王政可得聞與對曰昔者文王之治岐也耕者九一仕者世祿關市譏而不征澤

梁無禁罪人不孥老而無妻曰鰥老而無夫曰
寡老而無子曰獨幼而無父曰孤此四者天下
之窮民而無告者文王發政施仁必先斯四者
詩云哿矣富人哀此煢獨王曰善哉言乎曰王
如善之則何為不行王曰寡人有疾寡人好貨
對曰昔者公劉好貨詩云乃積乃倉乃裹餱糧
于橐于囊思戢用光弓矢斯張干戈戚揚爰方
啟行故居者有積倉行者有裹糧也然後可以

爰方啟行王如好貨與百姓同之於王何有王
曰寡人有疾寡人好色對曰昔者大王好色愛
厥妃詩云古公亶父來朝走馬率西水滸至于
岐下爰及姜女聿來胥宇當是時也內無怨女
外無曠夫王如好色與百姓同之於王何有

孟子謂齊宣王曰王之臣有託其妻子於其友
而之楚遊者比其反也則凍餒其妻子則如之
何王曰棄之曰士師不能治士則如之何王曰

二喻文若不屬而意自相足

紂矣未聞弑君也

孟子見齊宣王曰爲巨室則必使工師求大木工師得大木則王喜以爲能勝其任也匠人斲而小之則王怒以爲不勝其任矣夫人幼而學之壯而欲行之王曰姑舍女所學而從我則何如今有璞玉於此雖萬鎰必使玉人彫琢之至於治國家則曰姑舍女所學而從我則何以異於教玉人彫琢玉哉

齊人伐燕勝之宣王問曰或謂寡人勿取或謂寡人取之以萬乘之國伐萬乘之國五旬而舉之人力不至於此不取必有天殃取之何如孟子對曰取之而燕民悅則取之古之人有行之者武王是也取之而燕民不悅則勿取古之人有行之者文王是也以萬乘之國伐萬乘之國簞食壺漿以迎王師豈有他哉避水火也如水益深如火益熱亦運而已矣

齊人伐燕取之諸侯將謀救燕宣王曰諸侯多謀伐寡人者何以待之孟子對曰臣聞七十里爲政於天下者湯是也未聞以千里畏人者也書曰湯一征自葛始天下信之東面而征西夷怨南面而征北狄怨曰奚爲後我民望之若大旱之望雲霓也歸市者不止耕者不變誅其君而弔其民若時雨降民大悅書曰徯我后后來其蘇今燕虐其民王往而征之民以爲將拯己於水火之中也簞食壺漿以迎王師若殺其父兄係累其子弟毀其宗廟遷其重器如之何其可也天下固畏齊之彊也今又倍地而不行仁政是動天下之兵也王速出令反其旄倪止其重器謀於燕衆置君而後去之則猶可及止也

答本問結

鄒與魯鬨穆公問曰吾有司死者三十三人而民莫之死也誅之則不可勝誅不誅則疾視其長上之死而不救如之何則可也孟子對曰凶

蜿切

年饑歲君之民老弱轉乎溝壑壯者散而之四
方者幾千人矣而君之倉廩實府庫充有司莫
以告是上慢而殘下也曾子曰戒之戒之出乎
爾者反乎爾者也夫民今而後得反之也君無
尤焉君行仁政斯民親其上死其長矣

滕文公問曰滕小國也間於齊楚事齊乎事楚
乎孟子對曰是謀非吾所能及也無已則有一
焉鑿斯池也築斯城也與民守之效死而民弗

去則是可爲也

滕文公問曰齊人將築薛吾甚恐如之何則可
孟子對曰昔者大王居邠狄人侵之去之岐山
之下居焉非擇而取之不得已也苟爲善後世
子孫必有王者矣君子創業垂統爲可繼也若
夫成功則天也君如彼何哉彊爲善而已矣

滕文公問曰滕小國也竭力以事大國則不得
免焉如之何則可孟子對曰昔者大王居邠狄

人侵之事之以皮幣不得免焉事之以犬馬不
得免焉事之以珠玉不得免焉乃屬其耆老而
告之曰狄人之所欲者吾土地也吾聞之也君
子不以其所以養人者害人二三子何患乎無
君我將去之去邠踰梁山邑于岐山之下居焉
邠人曰仁人也不可失也從之者如歸市或曰
世守也非身之所能爲也效死勿去君請擇於
斯二者

魯平公將出嬖人臧倉者請曰他日君出則必
命有司所之今乘輿已駕矣有司未知所之敢
請公曰將見孟子曰何哉君所爲輕身以先於
匹夫者以爲賢乎禮義由賢者出而孟子之後
喪踰前喪君無見焉公曰諾樂正子入見曰君
奚爲不見孟軻也曰或告寡人曰孟子之後喪
踰前喪是以不往見也曰何哉君所謂踰者前
以士後以大夫前以三鼎而後以五鼎與曰否

謂棺槨衣衾之美也曰非所謂踰也貧富不同
也樂正子見孟子曰克告於君君爲來見也嬖
人有臧倉者沮君君是以不果來也曰行或使
之止或尼之行止非人所能也吾之不遇魯侯
天也臧氏之子焉能使予不遇哉

公孫丑

公孫丑問曰夫子當路於齊管仲晏子之功可
復許乎孟子曰子誠齊人也知管仲晏子而已

引證拓開

矣或問乎曾西曰吾子與子路孰賢曾西蹵然
曰吾先子之所畏也曰然則吾子與管仲孰賢
曾西艴然不悅曰爾何曾比予於管仲管仲得
君如彼其專也行乎國政如彼其久也功烈如
彼其卑也爾何曾比予於是曰管仲曾西之所
不爲也而子爲我願之乎曰管仲以其君霸晏
子以其君顯管仲晏子猶不足爲與曰以齊王
由反手也曰若是則弟子之惑滋甚且以文王

管晏並稱舉其大者折之
繳上生下倒翻一語
一句攝脫文
絕而意未絕

此段見齊之易王入以齊王意用本色語

應以齊王

應賢聖之君六七作一段

之德百年而後崩猶未洽於天下武王周公繼之然後大行今言王若易然則文王不足法與曰文王何可當也由湯至於武丁賢聖之君六七作天下歸殷久矣久則難變也武丁朝諸侯有天下猶運之掌也紂之去武丁未久也其故家遺俗流風善政猶有存者又有微子微仲王子比干箕子膠鬲皆賢人也相與輔相之故久而後失之也尺地莫非其有也一民莫非其臣

也然而文王猶方百里起是以難也齊人有言曰雖有智慧不如乘勢雖有鎡基不如待時今時則易然也夏后殷周之盛地未有過千里者也而齊有其地矣雞鳴狗吠相聞而達乎四境而齊有其民矣地不改辟矣民不改聚矣行仁政而王莫之能禦也且王者之不作未有疏於此時者也民之憔悴於虐政未有甚於此時者也饑者易為食渴者易為飲孔子曰德之流行

速於置郵而傳命當今之時萬乘之國行仁政
民之悅之猶解倒懸也故事半古之人功必倍（應章首功字）
之惟此時爲然（時字結）

公孫丑問曰夫子加齊之卿相得行道焉雖由
此霸王不異矣如此則動心否乎孟子曰否我
四十不動心曰若是則夫子過孟賁遠矣曰是（一轉）
不難告子先我不動心曰不動心有道乎曰有（二轉）
北宮黝之養勇也不膚撓不目逃思以一豪挫

於人若撻之於市朝不受於褐寬博亦不受於
萬乘之君視刺萬乘之君若刺褐夫無嚴諸侯
惡聲至必反之孟施舍之所養勇也曰視不勝
猶勝也量敵而後進慮勝而後會是畏三軍者
也舍豈能爲必勝哉能無懼而已矣孟施舍似
曾子北宮黝似子夏夫二子之勇未知其孰賢
然而孟施舍守約也昔者曾子謂子襄曰子好
勇乎吾嘗聞大勇於夫子矣自反而不縮雖褐

寬博吾不惴焉自反而縮雖千萬人吾往矣孟施舍之守氣又不如曾子之守約也曰敢問夫（三轉）子之不動心與告子之不動心可得聞與告子曰不得於言勿求於心不得於心勿求於氣不得於心勿求於氣可不得於言勿求於心不可夫志氣之帥也氣體之充也夫志至焉氣次焉故曰持其志無暴其氣旣（四轉疊上文問）曰志至焉氣次焉又曰持其志無暴其氣者何也曰志壹則動氣氣

壹則動志也今夫蹶者趨者是氣也而反（結一股）動其心敢問（五轉）夫子惡乎長曰我知言我善養吾浩然之氣敢問（六轉）何謂浩然之氣曰難言也其爲氣也至大至剛以直養而無害則塞于天地之間其爲氣也配義與道無是餒也是集義所生者非義襲而取之也行有不慊於心則餒矣我故曰告子未嘗知義以其外之也必有事焉而勿正心勿忘勿助長也無若宋人然宋人有閔其苗

引騐先提一句莊子

之不長而揠之者芒芒然歸謂其人曰今日病矣予助苗長矣其子趨而往視之苗則槁矣天下之不助苗長者寡矣以爲無益而舍之者不耘苗者也助之長者揠苗者也非徒無益而又害之何謂知言曰詖辭知其所蔽淫辭知其所陷邪辭知其所離遁辭知其所窮生於其心害於其政發於其政害於其事聖人復起必從吾言矣宰我子貢善爲說辭冉牛閔子顏淵善言

德行孔子兼之曰我於辭命則不能也然則夫子既聖矣乎曰惡是何言也昔者子貢問於孔子曰夫子聖矣乎孔子曰聖則吾不能我學不厭而教不倦也子貢曰學不厭智也教不倦仁也仁且智夫子既聖矣夫聖孔子不居是何言也昔者竊聞之子夏子游子張皆有聖人之一體冉牛閔子顏淵則具體而微敢問所安曰姑舍是曰伯夷伊尹何如曰不同道非其君不事

非其民不使治則進亂則退伯夷也何事非君何使非民治亦進亂亦進伊尹也可以仕則仕可以止則止可以久則久可以速則速孔子也皆古聖人也吾未能有行焉乃所願則學孔子也伯夷伊尹於孔子若是班乎曰否自有生民以來未有孔子也曰然則有同與曰有得百里之地而君之皆能以朝諸侯有天下行一不義殺一不辜而得天下皆不爲也是則同曰敢問

其所以異曰宰我子貢有若智足以知聖人汙不至阿其所好宰我曰以予觀於夫子賢於堯舜遠矣子貢曰見其禮而知其政聞其樂而知其德由百世之後等百世之王莫之能違也自生民以來未有夫子也有若曰豈惟民哉麒麟之於走獸鳳凰之於飛鳥太山之於丘垤河海之於行潦類也聖人之於民亦類也出乎其類拔乎其萃自生民以來未有盛於孔子也

孟子曰以力假仁者霸霸必有大國以德行仁
者王王不待大湯以七十里文王以百里以力
服人者非心服也力不贍也以德服人者中心
悅而誠服也如七十子之服孔子也詩云自西
自東自南自北無思不服此之謂也

孟子曰仁則榮不仁則辱今惡辱而居不仁是
猶惡濕而居下也如惡之莫如貴德而尊士賢
者在位能者在職國家閒暇及是時明其政刑

雖大國必畏之矣詩云迨天之未陰雨徹彼桑
土綢繆牖戶今此下民或敢侮予孔子曰爲此
詩者其知道乎能治其國家誰敢侮之今國家
閒暇及是時般樂怠敖是自求禍也禍福無不
自己求之者詩云永言配命自求多福太甲曰
天作孽猶可違自作孽不可活此之謂也

孟子曰尊賢使能俊傑在位則天下之士皆悅
而願立於其朝矣市廛而不征法而不廛則天

活潑變幻不可端倪若游龍若遣電

隱之心仁之端也羞惡之心義之端也辭讓之心禮之端也是非之心智之端也人之有是四端也猶其有四體也有是四端而自謂不能者自賊者也謂其君不能者賊其君者也凡有四端於我者知皆擴而充之矣若火之始然泉之始達苟能充之足以保四海苟不充之不足以事父母

孟子曰矢人豈不仁於函人哉矢人惟恐不傷

人函人惟恐傷人巫匠亦然故術不可不慎也

孔子曰里仁爲美擇不處仁焉得智夫仁天之尊爵也人之安宅也莫之禦而不仁是不智也不仁不智無禮無義人役也人役而恥爲役由弓人而恥爲弓矢人而恥爲矢也如恥之莫如爲仁仁者如射射者正己而後發發而不中不怨勝己者反求諸己而已矣

孟子曰子路人告之以有過則喜禹聞善言則

拜大舜有大焉善與人同舍己從人樂取於人
以爲善自耕稼陶漁以至爲帝無非取於人者
取諸人以爲善是與人爲善者也故君子莫大
乎與人爲善

孟子曰伯夷非其君不事非其友不友不立於
惡人之朝不與惡人言立於惡人之朝與惡人
言如以朝衣朝冠坐於塗炭推惡惡之心思與
鄉人立其冠不正望望然去之若將浼焉是故

諸侯雖有善其辭命而至者不受也不受也者
是亦不屑就已柳下惠不羞汙君不卑小官進
不隱賢必以其道遺佚而不怨阨窮而不憫故
曰爾爲爾我爲我雖袒裼裸裎於我側爾焉能
浼我哉故由由然與之偕而不自失焉援而止
之而止援而止之而止者是亦不屑去已孟子
曰伯夷隘柳下惠不恭隘與不恭君子不由也

孟子曰天時不如地利地利不如人和三里之

城七里之郭環而攻之而不勝夫環而攻之必有得天時者矣然而不勝者是天時不如地利也城非不高也池非不深也兵革非不堅利也米粟非不多也委而去之是地利不如人和也故曰域民不以封疆之界固國不以山谿之險威天下不以兵革之利得道者多助失道者寡助寡助之至親戚畔之多助之至天下順之以天下之所順攻親戚之所畔故君子有不戰戰必勝矣

孟子將朝王王使人來曰寡人如就見者也有寒疾不可以風朝將視朝不識可使寡人得見乎對曰不幸而有疾不能造朝明日出弔於東郭氏公孫丑曰昔者辭以病今日弔或者不可乎曰昔者疾今日愈如之何不弔王使人問疾醫來孟仲子對曰昔者有王命有采薪之憂不能造朝今病小愈趨造於朝我不識能至否乎

孟子乃不召之臣齊王召之所以不去引三達尊見不可召意

此言道德字正應達尊

使數人要於路曰請必無歸而造於朝不得已而之景丑氏宿焉景子曰內則父子外則君臣人之大倫也父子主恩君臣主敬丑見王之敬子也未見所以敬王也曰惡是何言也齊人無以仁義與王言者豈以仁義為不美也其心曰是何足與言仁義也云爾則不敬莫大乎是我非堯舜之道不敢以陳於王前故齊人莫如我敬王也景子曰（崢嶸之而出）否非此之謂也禮曰父召無諾

君命召不俟駕固將朝也聞王命而遂不果宜與夫禮若不相似然曰豈謂是與曾子曰晉楚之富不可及也彼以其富我以吾仁彼以其爵我以吾義吾何慊乎哉夫豈不義而曾子言之是或一道也天下有達尊三爵一齒一德一朝廷莫如爵鄉黨莫如齒輔世長民莫如德惡得有其一以慢其二哉故將大有為之君必有所不召之臣欲有謀焉則就之其（纔是正意）尊德樂道不如

結語似諧似莊翩翩欲舞

是不足與有爲也故湯之於伊尹學焉而後臣之故不勞而王桓公之於管仲學焉而後臣之故不勞而霸今天下地醜德齊莫能相尚無他好臣其所教而不好臣其所受教湯之於伊尹桓公之於管仲則不敢召管仲且猶不可召而況不爲管仲者乎

陳臻問曰前日於齊王餽兼金一百而不受於宋餽七十鎰而受於薛餽五十鎰而受前日之不受是則今日之受非也今日之受是則前日之不受非也夫子必居一於此矣孟子曰皆是也當在宋也予將有遠行行者必以賮辭曰餽賮予何爲不受當在薛也予有戒心辭曰聞戒故爲兵餽之予何爲不受若於齊則未有處也無處而餽之是貨之也焉有君子而可以貨取乎

開闔

孟子之平陸謂其大夫曰子之持戟之士一日

事已在前只用喻折

以喻切當不待詳說而人已自悟

而三失伍則去之否乎曰不待三然則子之失伍也亦多矣凶年饑歲子之民老羸轉於溝壑壯者散而之四方者幾千人矣曰此非距心之所得爲也曰今有受人之牛羊而爲之牧之者則必爲之求牧與芻矣求牧與芻而不得則反諸其人乎抑亦立而視其死與曰此則距心之罪也他日見於王曰王之爲都者臣知五人焉知其罪者惟孔距心爲王誦之王曰此則寡人之罪也

孟子謂蚳鼃曰子之辭靈丘而請士師似也爲其可以言也今既數月矣未可以言與蚳鼃諫於王而不用致爲臣而去齊人曰所以爲蚳鼃則善矣所以自爲則吾不知也公都子以告曰吾聞之也有官守者不得其職則去有言責者不得其言則去我無官守我無言責也則吾進退豈不綽綽然有餘裕哉

婉切

孟子爲卿於齊出弔於滕王使蓋大夫王驩爲
輔行王驩朝暮見反齊滕之路未嘗與之言行
事也公孫丑曰齊卿之位不爲小矣齊滕之路
不爲近矣反之而未嘗與言行事何也曰夫既
或治之予何言哉

孟子自齊葬於魯反於齊止於嬴充虞請曰前
日不知虞之不肖使虞敦匠事嚴虞不敢請今
願竊有請也木若以美然曰古者棺椁無度中

古棺七寸椁稱之自天子達於庶人非直爲觀
美也然後盡於人心不得不可以爲悅無財不
可以爲悅得之爲有財古之人皆用之吾何爲
獨不然且比化者無使土親膚於人心獨無恔
乎吾聞之也君子不以天下儉其親

沈同以其私問曰燕可伐與孟子曰可子噲不
得與人燕子之不得受燕於子噲有仕於此而
子悅之不告於王而私與之吾子之祿爵夫士

也亦無王命而私受之於子則可乎何以異於是齊人伐燕或問曰勸齊伐燕有諸曰未也沈同問燕可伐與吾應之曰可彼然而伐之也彼如曰孰可以伐之則將應之曰爲天吏則可以伐之今有殺人者或問之曰人可殺與則將應之曰可彼如曰孰可以殺之則將應之曰爲士師則可以殺之今以燕伐燕何爲勸之哉

分明緊要只兩句

燕人畔王曰吾甚慙於孟子陳賈曰王無患焉

王自以爲與周公孰仁且智王曰惡是何言也曰周公使管叔監殷管叔以殷畔知而使之是不仁也不知而使之是不智也仁智周公未之盡也而況於王乎賈請見而解之見孟子問曰周公何人也曰古聖人也曰使管叔監殷管叔以殷畔也有諸曰然曰周公知其將畔而使之與曰不知也然則聖人且有過與曰周公弟也管叔兄也周公之過不亦宜乎且古之君子過

兩段不相關續而宮商相宣呂律自應文情蔚然長於驗者辭不迫切而意已獨至

但辭龍斷二字正意已躍〻言外

則改之今之君子過則順之古之君子其過也如日月之食民皆見之及其更也民皆仰之今之君子豈徒順之又從爲之辭

孟子致爲臣而歸王就見孟子曰前日願見而不可得得侍同朝甚喜今又棄寡人而歸不識可以繼此而得見乎對曰不敢請耳固所願也

他日王謂時子曰我欲中國而授孟子室養弟子以萬鍾使諸大夫國人皆有所矜式子盍爲

我言之時子因陳子而以告孟子陳子以時子之言告孟子孟子曰然夫時子惡知其不可也如使予欲富辭十萬而受萬是爲欲富乎季孫曰異哉子叔疑使己爲政不用則亦已矣又使其子弟爲卿人亦孰不欲富貴而獨於富貴之中有私龍斷焉古之爲市者以其所有易其所無者有司者治之耳有賤丈夫焉必求龍斷而登之以左右望而罔市利人皆以爲賤故從而

征之征商自此賤丈夫始矣

孟子去齊宿於晝有欲爲王留行者坐而言不應隱几而卧客不悅曰弟子齊宿而後敢言夫子卧而不聽請勿復敢見矣曰坐我明語子昔者魯繆公無人乎子思之側則不能安子思泄柳申詳無人乎繆公之側則不能安其身子爲長者慮而不及子思子絕長者乎長者絕子乎

孟子去齊尹士語人曰不識王之不可以爲湯武則是不明也識其不可然且至則是干澤也千里而見王不遇故去三宿而後出晝是何濡滯也士則茲不悅高子以告曰夫尹士惡知予哉千里而見王是予所欲也不遇故去豈予所欲哉予不得已也予三宿而出晝於予心猶以爲速王庶幾改之王如改諸則必反予夫出晝而王不予追也予然後浩然有歸志予雖然豈舍王哉王由足用爲善王如用予則豈徒齊民

悚形於辭意之表整而不整亂而不亂纏綿悱惻雖騷似之

平生自任如此

安天下之民舉安王庶幾改之予日望之予豈若是小丈夫然哉諫於其君而不受則怒悻悻然見於其面去則窮日之力而後宿哉尹士聞之曰士誠小人也

孟子去齊充虞路問曰夫子若有不豫色然前日虞聞諸夫子曰君子不怨天不尤人曰彼一時此一時也五百年必有王者興其間必有名世者由周而來七百有餘歲矣以其數則過矣

以其時考之則可矣夫天未欲平治天下也如欲平治天下當今之世舍我其誰也吾何爲不豫哉

孟子去齊居休公孫丑問曰仕而不受祿古之道乎曰非也於崇吾得見王退而有去志不欲變故不受也繼而有師命不可以請久於齊非我志也

滕文公

滕文公爲世子將之楚過宋而見孟子孟子道性善言必稱堯舜世子自楚反復見孟子孟子曰世子疑吾言乎夫道一而已矣成覸謂齊景公曰彼丈夫也我丈夫也吾何畏彼哉顏淵曰舜何人也予何人也有爲者亦若是公明儀曰文王我師也周公豈欺我哉就用書語結今滕絕長補短將五十里也猶可以爲善國書曰若藥不瞑眩厥疾不瘳

滕定公薨世子謂然友曰昔者孟子嘗與我言於宋於心終不忘今也不幸至於大故吾欲使子問於孟子然後行事然友之鄒問於孟子孟子曰不亦善乎親喪固所自盡也曾子曰生事之以禮死葬之以禮祭之以禮可謂孝矣諸侯之禮吾未之學也雖然吾嘗聞之矣三年之喪齊疏之服飦粥之食自天子達於庶人三代共之然友反命定爲三年之喪父兄百官皆不欲

曰吾宗國魯先君莫之行吾先君亦莫之行也
至於子之身而反之不可且志曰喪祭從先祖
曰吾有所受之也謂然友曰吾他日未嘗學問
好馳馬試劒今也父兄百官不我足也恐其不
能盡於大事子爲我問孟子然友復之鄒問孟
子孟子曰然不可以他求者也孔子曰君薨聽
於冢宰歠粥面深墨即位而哭百官有司莫敢
不哀先之也上有好者下必有甚焉者矣君子

之德風也小人之德草也草尚之風必偃是在
世子然友反命世子曰然是誠在我五月居廬
未有命戒百官族人可謂曰知及至葬四方來
觀之顏色之戚哭泣之哀弔者大悅

滕文公問爲國孟子曰民事不可緩也詩云晝
一句了便證
爾于茅宵爾索綯亟其乘屋其始播百穀民之
提起
爲道也有恒產者有恒心無恒產者無恒心苟
無恒心放辟邪侈無不爲已及陷乎罪然後從

前段叙夏殷周即下其實皆什一也一句却言徹者云云此段論貢却就凶年一句釐下法與

前同

又説有恒心以後事二段參差不齊之法

而刑之是罔民也焉有仁人在位罔民而可爲也是故賢君必恭儉禮下取於民有制陽虎曰爲富不仁矣爲仁不富矣夏后氏五十而貢殷人七十而助周人百畝而徹其實皆什一也徹者徹也助者藉也龍子曰治地莫善於助莫不善於貢貢者校數歲之中以爲常樂歲粒米狼戾多取之而不爲虐則寡取之凶年糞其田而不足則必取盈焉爲民父母使民盻盻然將終

歲勤動不得以養其父母又稱貸而益之使老稚轉乎溝壑惡在其爲民父母也夫世祿滕固行之矣詩云雨我公田遂及我私惟助爲有公田由此觀之雖周亦助也設爲庠序學校以教之庠者養也校者教也序者射也夏曰校殷曰序周曰庠學則三代共之皆所以明人倫也人倫明於上小民親於下有王者起必來取法是爲王者師也詩云周雖舊邦其命維新文王之

謂也子力行之亦以新子之國使畢戰問井地
孟子曰子之君將行仁政選擇而使子子必勉
之夫仁政必自經界始經界不正井地不均穀
祿不平是故暴君汙吏必慢其經界經界既正
分田制祿可坐而定也夫滕壤地褊小將爲君
子焉將爲野人焉無君子莫治野人無野人莫
養君子請野九一而助國中什一使自賦卿以
下必有圭田圭田五十畝餘夫二十五畝死徙

無出鄉鄉田同井出入相友守望相助疾病相
扶持則百姓親睦方里而井井九百畝其中爲
公田八家皆私百畝同養公田公事畢然後敢
治私事所以別野人也此其大畧也若夫潤澤
之則在君與子矣

有爲神農之言者許行自楚之滕踵門而告文
公曰遠方之人聞君行仁政願受一廛而爲氓
文公與之處其徒數十人皆衣褐捆屨織席以

君與子子之
君雖非着意
語自相終始

爲食陳良之徒陳相與其弟辛負耒耜而自宋之滕曰聞君行聖人之政是亦聖人也願爲聖人氓陳相見許行而大悅盡棄其學而學焉陳相見孟子道許行之言曰滕君則誠賢君也雖然未聞道也賢者與民竝耕而食饔飧而治今也滕有倉廩府庫則是厲民而以自養也惡得賢孟子曰許子必種粟而後食乎曰然許子必織布而後衣乎曰否許子衣褐許子冠乎曰冠

辨道

曰奚冠曰冠素曰自織之與曰否以粟易之曰許子奚爲不自織曰害於耕曰許子以釜甑爨以鐵耕乎曰然自爲之與曰否以粟易之以粟易械器者不爲厲陶冶陶冶亦以其械器易粟者豈爲厲農夫哉且許子何不爲陶冶舍皆取諸其宮中而用之何爲紛紛然與百工交易何許子之不憚煩曰百工之事固不可耕且爲也然則治天下獨可耕且爲與有大人之事有小

三何字

此下若決江河

以下支覆考證以見大人之事

民之事且一人之身而百工之所爲備如必自爲而後用之是率天下而路也故曰或勞心或勞力勞心者治人勞力者治於人治於人者食人治人者食於人天下之通義也當堯之時天下猶未平洪水橫流氾濫於天下草木暢茂禽獸繁殖五穀不登禽獸偪人獸蹄鳥跡之道交於中國堯獨憂之舉舜而敷治焉舜使益掌火益烈山澤而焚之禽獸逃匿禹疏九河瀹濟漯

而注諸海決汝漢排淮泗而注之江然後中國可得而食也（結一段）當是時也禹八年於外三過其門而不入雖欲耕得乎（一耕字）后稷教民稼穡樹藝五穀五穀熟而民人育人之有道也飽食煖衣逸居而無教則近於禽獸聖人有憂之使契爲司徒教以人倫父子有親君臣有義夫婦有別長幼有序朋友有信放勳曰勞之來之匡之直之輔之翼之使自得之又從而振德之（結二節）聖人之憂民

如此而暇耕乎堯以不得舜爲已憂舜以不得
禹皐陶爲已憂夫以百畝之不易爲已憂者農
夫也分人以財謂之惠教人以善謂之忠爲天
下得人者謂之仁是故以天下與人易爲天下
得人難孔子曰大哉堯之爲君惟天爲大惟堯
則之蕩蕩乎民無能名焉君哉舜也巍巍乎有
天下而不與焉堯舜之治天下豈無所用其心
哉亦不用於耕耳吾聞用夏變夷者未聞變於

夷者也陳良楚產也悅周公仲尼之道北學於
中國北方之學者未能或之先也彼所謂豪傑
之士也子之兄弟事之數十年師死而遂倍之
昔者孔子沒三年之外門人治任將歸入揖於
子貢相嚮而哭皆失聲然後歸子貢反築室於
場獨居三年然後歸他日子夏子張子游以有
若似聖人欲以所事孔子事之彊曾子曾子曰
不可江漢以濯之秋陽以暴之皜皜乎不可尚

已今也南蠻鴃舌之人非先王之道子倍子之
師而學之亦異於曾子矣吾聞出於幽谷遷於
喬木者未聞下喬木而入於幽谷者魯頌曰戎
狄是膺荊舒是懲周公方且膺之子是之學亦
爲不善變矣從許子之道則市賈不貳國中無
僞雖使五尺之童適市莫之或欺布帛長短同
則賈相若麻縷絲絮輕重同則賈相若五穀多
寡同則賈相若屨大小同則賈相若曰夫物之

不齊物之情也或相倍蓰或相什伯或相千萬
子比而同之是亂天下也巨屨小屨同賈人豈
爲之哉從許子之道相率而爲僞者也惡能治
國家

作一節奏起

墨者夷之因徐辟而求見孟子孟子曰吾固願
見今吾尚病病愈我且往見夷子不來他日又
求見孟子孟子曰吾今則可以見矣不直則道
不見我且直之吾聞夷子墨者墨之治喪也以

提問語粘上折利字八十餘字只一句轉

孟子曰昔齊景公田招虞人以旌不至將殺之志士不忘在溝壑勇士不忘喪其元孔子奚取焉取非其招不往也如不待其招而往何哉且夫枉尺而直尋者以利言也如以利則枉尋直尺而利亦可爲與昔者（再引事）趙簡子使王良與嬖奚乘終日而不獲一禽嬖奚反命曰天下之賤工也或以告王良良曰請復之彊而後可一朝而獲十禽嬖奚反命曰天下之良工也簡子曰我

使掌與女乘謂王良良不可曰吾爲之範我馳驅終日不獲一爲之詭遇一朝而獲十詩云不失其馳舍矢如破我不貫與小人乘請辭御者且羞與射者比（只一句轉）比而得禽獸雖若丘陵弗爲也如枉道而從彼何也且子過矣枉己者未有能直人者也

景春曰公孫衍張儀豈不誠大丈夫哉一怒而諸侯懼安居而天下熄孟子曰是焉得爲大丈

夫乎子未學禮乎丈夫之冠也父命之女子之嫁也母命之往送之門戒之曰往之女家必敬必戒無違夫子以順爲正者妾婦之道也居天下之廣居立天下之正位行天下之大道得志與民由之不得志獨行其道富貴不能淫貧賤不能移威武不能屈此之謂大丈夫

周霄問曰古之君子仕乎孟子曰仕傳曰孔子三月無君則皇皇如也出疆必載質公明儀曰古之人三月無君則弔三月無君則弔不以急乎曰士之失位也猶諸侯之失國家也禮曰諸侯耕助以共粢盛夫人蠶繅以爲衣服犧牲不成粢盛不潔衣服不備不敢以祭惟士無田則亦不祭牲殺器皿衣服不備不敢以祭則不敢以宴亦不足弔乎出疆必載質何也曰士之仕也猶農夫之耕也農夫豈爲出疆舍其耒耜哉曰晉國亦仕國也未嘗聞仕如此其急仕如此

其急也君子之難仕何也曰丈夫生而願爲之
有室女子生而願爲之有家父母之心人皆有
之不待父母之命媒妁之言鑽穴隙相窺踰牆
相從則父母國人皆賤之古之人未嘗不欲仕
也又惡不由其道不由其道而往者與鑽穴隙（用三字結）
之類也

（三段復方折入本意）

彭更問曰後車數十乘從者數百人以傳食於
諸侯不以泰乎孟子曰非其道（對說）則一簞食不可

受於人如其道則舜受堯之天下不以爲泰子
以爲泰乎曰否士無事而食不可也曰子不（對說）通
工易事以羨補不足則農有餘粟女有餘布子
如通之則梓匠輪輿皆得食於子於（就一邊翻下）此有人焉
入則孝出則悌守先王之道以待後之學者而
不得食於子子何尊梓匠輪輿而輕爲仁義者
哉曰梓匠輪輿其志將以求食也君子之爲道
也其志亦將以求食與曰子何以其志爲哉其

（轉換如走丸）

（至此難倒用志字倒而復起似溪迴路轉一視萬里）

有功於子可食而食之矣且子食志乎食功乎
曰食志曰有人於此毀瓦畫墁其志將以求食
也則子食之乎曰否曰然則子非食志也食功也
萬章問曰宋小國也今將行王政齊楚惡而伐
之則如之何孟子曰湯居亳與葛爲鄰葛伯放
而不祀湯使人問之曰何爲不祀曰無以供犧
牲也湯使遺之牛羊葛伯食之又不以祀湯又
使人問之曰何爲不祀曰無以供粢盛也湯使

亳衆往爲之耕老弱饋食葛伯率其民要其有
酒食黍稻者奪之不授者殺之有童子以黍肉
餉殺而奪之書曰葛伯仇餉此之謂也爲其殺
是童子而征之四海之內皆曰非富天下也爲
匹夫匹婦復讐也湯始征自葛載十一征而無
敵於天下東面而征西夷怨南面而征北狄怨
曰奚爲後我民之望之若大旱之望雨也歸市
者弗止芸者不變誅其君弔其民如時雨降民

一折有萬鈞之力文更有搖縱

喻後語事於貫串而章燦然此妙於喻者

大悅書曰徯我后后來其無罰有攸不爲臣東征綏厥士女匪厥玄黃紹我周王見休惟臣附于大邑周其君子實玄黃于匪以迎其君子其小人簞食壺漿以迎其小人救民於水火之中取其殘而已矣太誓曰我武惟揚侵于之疆則取于殘殺伐用張于湯有光不行王政云爾苟行王政四海之內皆舉首而望之欲以爲君齊楚雖大何畏焉

孟子謂戴不勝曰子欲子之王之善與我明告子有楚大夫於此欲其子之齊語也則使齊人傅諸使楚人傅諸曰使齊人傅之曰一齊人傅之衆楚人咻之雖日撻而求其齊也不可得矣引而置之莊嶽之間數年雖日撻而求其楚亦不可得矣子謂薛居州善士也使之居於王所在於王所者長幼卑尊皆薛居州也王誰與爲不善在王所者長幼卑尊皆非薛居州也王誰

四段只兩句結

與爲善一薛居州獨如宋王何

公孫丑問曰不見諸侯何義孟子曰古者不爲臣不見段干木踰垣而辟之泄柳閉門而不內是皆已甚迫斯可以見矣陽貨欲見孔子而惡無禮大夫有賜於士不得受於其家則往拜其門陽貨矙孔子之亡也而饋孔子蒸豚孔子亦矙其亡也而往拜之當是時陽貨先豈得不見

引事對

曾子曰脅肩諂笑病于夏畦子路曰未同而言

用語對

觀其色赧赧然非由之所知也由是觀之則君子之所養可知已矣

用五人事只兩句結

戴盈之曰什一去關市之征今茲未能請輕之以待來年然後已何如孟子曰今有人日攘其鄰之雞者或告之曰是非君子之道曰請損之月攘一雞以待來年然後已如知其非義斯速已矣何待來年

公都子曰外人皆稱夫子好辯敢問何也孟子

敘治亂略無痕瑕

曰予豈好辯哉予不得已也天下之生久矣一（一篇骨）治一亂當堯之時（敘事）水逆行氾濫於中國蛇龍居之民無所定下者爲巢上者爲營窟書曰洚水警余洚水者洪水也使禹治之禹掘地而注之海驅蛇龍而放之菹水由地中行江淮河漢是也險阻既遠鳥獸之害人者消然後人得平土而居之堯舜既沒聖人之道衰暴君代作壞宫室以爲汙池民無所安息棄田以爲園囿使民

不得衣食邪說暴行又作園囿汙池沛澤多而禽獸至及紂之身天下又大亂周公相武王誅紂伐奄三年討其君驅飛廉於海隅而戮之滅國者五十驅虎豹犀象而遠之天下大悅書曰丕顯哉文王謨丕承哉武王烈佑啟我後人咸以正無缺世衰道微邪說暴行有作臣弑其君者有之子弑其父者有之孔子懼作春秋春秋天子之事也是故孔子曰知我者其惟春秋乎

三句總收
大有筆力

罪我者其惟春秋乎聖王不作諸侯放恣處士横議楊朱墨翟之言盈天下天下之言不歸楊則歸墨楊氏爲我是無君也墨氏兼愛是無父也無父無君是禽獸也公明儀曰庖有肥肉廐有肥馬民有饑色野有餓莩此率禽獸而食人也楊墨之道不息孔子之道不著是邪說誣民充塞仁義也仁義充塞則率獸食人人將相食吾爲此懼閑先聖之道距楊墨放淫辭邪說者不得作作於其心害於其事作於其事害於其政聖人復起不易吾言矣昔者禹抑洪水而天下平周公兼夷狄驅猛獸而百姓寧孔子成春秋而亂臣賊子懼詩云戎狄是膺荆舒是懲則莫我敢承無父無君是周公所膺也我亦欲正人心息邪說距詖行放淫辭以承三聖者豈好辯哉予不得已也能言距楊墨者聖人之徒也

引證　繳上意　再收拾作一段結　引詩起下　婉切

匡章曰陳仲子豈不誠廉士哉居於陵三日不